AF264146

LETTRE DE M. AYMONIER

SUR

SON VOYAGE AU BÌNH THUẬN

ADRESSÉE

A M. LE GOUVERNEUR DE LA COCHINCHINE

SAIGON

IMPRIMERIE COLONIALE

1885

LETTRE DE M. AYMONIER

SUR

SON VOYAGE AU BÌNH THUẬN

ADRESSÉE

A M. LE GOUVERNEUR DE LA COCHINCHINE

SAIGON

IMPRIMERIE COLONIALE

1885

LETTRE DE M. AYMONIER

Village de Maı van, dans la baie de Phanrang, le 21 décembre 1884.

Monsieur le Gouverneur,

Le paquebot des Messageries Maritimes qui avait quitté Saigon le 12 décembre, mouillait en rade de Phanrang, le 13, un peu après midi. Bientôt débouchèrent de la lagune intérieure qui prolonge cette baie quatre jonques annamites venant pour me recevoir avec mes bagages. Un jeune indigène connaissant quelques mots de français, ce qui lui permettait de se qualifier d'interprète provincial, était à bord de l'une de ces jonques avec un autre personnage qu'il me présenta comme étant *le grand général de la province*. Ce dernier fait effectivement fonctions de lãnh binh. On m'attendait ici depuis deux ou trois jours, après avoir reçu votre lettre qui me recommandait, me disent ces gens, dans les termes les plus chaleureux. La précaution de ces jonques préparées à l'avance fut on ne peut plus utile. Sans cela, j'aurais été en peine de débarquer, et j'aurais causé un grand retard au paquebot, tandis qu'après un arrêt de deux heures environ, il put repartir de conserve avec un grand navire blanc qui paraissait à l'horizon, le *Mytho* je pense.

Le transbordement de mes bagages sur les jonques eut lieu avec une forte houle qui mit à l'épreuve, une fois de plus, l'inépuisable complaisance des officiers de la compagnie des Messageries Maritimes.

J'entrai dans la lagune intérieure pour aborder à un gros village appelé Mai-van, peuplé de sauniers, de pêcheurs et de fabricants de chaux. Je fus reçu là par un autre fonctionnaire, l'intérimaire des fonctions d'án sát ou de grand juge provincial, qui m'installa dans une des pagodes du village. On supposait ou on espérait que je débarquais ici pour me diriger vers le Khánh hòa, la province voisine, et de là vers le nord. La déception dut être grande quand j'annonçai l'intention de me fixer pour quelques mois au milieu des Chams de Phanrang afin d'étudier leur langue et de recueillir leurs manuscrits. Il y a bien des causes spéciales qui rendent tout Européen suspect et désagréable dans cette province du Bình thuận. Aussi, tout en me comblant ostensiblement de prévenances et d'honneurs, on commença à pratiquer de secrètes menées ayant pour but d'entraver mes opérations, et dont j'ai eu l'honneur de rendre compte à M. le Résident général de France en Annam.

En débarquant j'avais demandé, pour le lendemain 14, la convocation des chefs ou sous-chefs de canton Chams, afin de prendre des renseignements préliminaires sur le choix du lieu où je m'établirais. Sur ces renseignements, le 15, toujours escorté par le Lãnh binh, j'allai visiter trois villages vers l'ouest, mon choix tomba sur celui de Mœu saning, expression chame qui signifie *les rizières spacieuses*, et immédiatement je fis marché avec les indigènes ; moyennant la somme de quinze piastres on me construirait une petite case basse à la mode du pays. Cette maison s'achève en ce moment, et je dois m'y rendre aujourd'hui ou demain. De ce village, situé à cinq lieues d'ici, droit à l'ouest, je puis aller en peu de temps à tous les hameaux chams placés dans un rayon d'une journée de marche au maximum.

Cette course rapide du 15 décembre, faite partie à pied, partie à cheval, m'a permis de prendre un premier aperçu de ce curieux pays qui forme l'une des trois belles plaines de la province du Bình thuận.

Les deux autres sont celles de Phanri et de Manthiet, plus à l'ouest vers la Cochinchine. Ces plaines, riches et susceptibles surtout de le devenir bien davantage, sont séparées par des parties pauvres et montagneuses.

La plaine de Phanrang, — ou plus exactement, Panrang où était l'ancienne capitale des Chams, appelée Manrang par les Annamites qui ont de même transformé Phanri ou Panrik en Manri, — n'est pas sans présenter beaucoup de ressemblance avec celle de Kampot au Cambodge. Entourée d'un amphithéâtre de montagnes avec trois trouées, l'une à l'est sur la mer, les deux autres plus petites, au nord-est vers le Khánh hoa, et au sud-ouest dans la direction de Phanri, elle paraît mesurer de cinquante à soixante kilomètres de diamètre, mais les évaluations de ce genre sont trompeuses; souvent, en approchant des montagnes, qui de loin paraissent former un mur continu, on s'aperçoit qu'elles laissent entre elles de larges vallées qui prolongent la plaine.

Dans cette plaine de Phanrang, il n'y a pas d'arbres pouvant fournir du bois de construction. Des buissons rabougris offrent seuls quelque prise au vent, très fort à cette époque-ci de l'année.

L'établissement d'une ligne télégraphique aérienne exigerait la coupe des bois sur les montagnes, qui sont riches d'ailleurs en forêts d'arbres à bonnes essences, en bois de sao surtout.

Le sol de la plaine est formé de dunes sablonneuses, coupées par des parties basses, qui sont cultivées en belles rizières. Les petites collines, soulèvements granitiques, sont assez nombreuses.

Le principal produit du pays parait être la chaux de coquillages exportée à Saigon. Vient ensuite le sel. Selon les Annamites, chaque année une dizaine de navires viennent charger de cent à cent cinquante piculs de sel chacun. Il y avait en rade hier soir, à la tombée de la nuit, un trois-mâts chinois, disent les Annamites, qui de loin m'a paru un assez beau navire. Il serait venu charger du sel. Il n'a fait que paraître, ce matin il n'y était plus. Le 13 décembre, un trois-mâts de ce genre était en rade de Phanri.

Ici, le sel se fait sur les bords de la lagune basse qui prolonge la baie au nord. Le goulet de cette lagune peut être estimé à deux kilomètres de longueur sur trois à cinq cents mètres de largeur. Le gros village de Mai van où je suis en ce moment est principalement sur la rive ouest de ce goulet. La lagune, proprement dite, s'enfonce de six à sept kilomètres dans les terres et couvre de trois à quatre kilomètres en largeur.

Dans l'intérieur de la plaine, les villages sont nombreux. Les Annamites mènent paître au loin des troupeaux de deux cents, trois cents canards. Le gibier à poil abonde. Les tigres infestent la région, comme à Baria lors de la conquête française. Tel et tel de ces félins redoutés compte à son actif l'enlèvement d'une vingtaine d'hommes. Il n'y a pas d'armes à feu, et les frayeurs superstitieuses protègent les tigres.

Les Chams de Phanrang forment trois cantons. Leurs villages, toujours accolés à un village annamite, offrent un aspect frappant qui n'a rien d'indo-chinois, et rappelle plutôt certaines gravures données par les voyageurs en Afrique.

Sur un emplacement dénudé, sans un arbuste, ni un brin d'herbe, des palissades en rondins ou en branches mortes entourent des enclos qui sont les cases du damier formé par le village. Dans chaque enclos, de petites huttes basses, à l'aspect misérable, souvent nombreuses, offrent une tanière pour abriter chaque couple de la famille. Les toits sont couverts de chaume ; les murs, quelquefois en treillis de bambous, sont plus communément faits d'une sorte de pisé.

Je leur ai demandé si l'absence de toute végétation autour de leurs cases était due à leurs traditions. Ils m'ont répondu que non, mais que leur situation exigeait cet état de choses ; question que je n'ai pas encore approfondie.

Tout à côté les cases annamites ont immédiatement un air de prospérité relative. Entourées d'arbres de plantation elles sont souvent couvertes en tuiles.

Dans les environs des villages chams broutent de nombreux troupeaux de petites chèvres du pays, indice que cet animal joue un grand rôle dans les superstitions chames, aussi bien des *Bani* ou gens de la religion musulmane, que des *Chams chéat* ou chams de race, c'est-à-dire ceux qui ont conservé un reste de leur ancien culte sivaïte. Les gens des deux religions vivent côte à côte par villages, sans se mêler.

On sacrifie une chèvre ou un bouc en cas de maladie, paraît-il. Les épidémies déciment ces animaux qui sont chers dans le pays, malgré leur grand nombre. Un cabri coûte une piastre.

D'ailleurs tout est cher ici, le double ou le triple des prix de Saigon. Le vent, trop fort en ce moment, arrête la pêche. La récolte du riz a été mauvaise. Par-dessus tout, la gêne du peuple a été portée au comble par une spéculation honteuse sur les sapèques que les Chinois ont fait fabriquer à Saigon à vil titre. L'opération de faux monnayage a d'abord été favorisée par les mandarins qui, plus tard, ont prohibé la monnaie ou abaissé son taux, tout cela pour des raisons que l'on devine facilement.

Aussi le village de Mai van me sait grand gré d'une chose bien naturelle pourtant qui est de payer toutes les fournitures faites par son intermédiaire. Et il ne s'est pas gêné pour faire des comparaisons. Mais ce sont là des sujets sur lesquels je ne veux pas trop m'étendre... Passons à d'autres. Dans ma tournée du 15 courant, j'avais décrit à grande distance un cercle autour d'un petit monticule de quarante à cinquante mètres de hauteur sur lequel se dressait fièrement une belle tour en briques rouges. Avant de revenir à Mai van je ne pus résister à l'envie d'aller jeter un coup d'œil sur ce monument où on me signalait des inscriptions. J'y allai donc, au grand regret du général annamite qui disait que cette perte d'une demi-heure nous ferait rentrer trop tard dans la nuit.

Les figures sculptées sur les pierres de cette tour peuvent le disputer en beauté à ce qu'il y a de mieux au Cambodge en ce genre. Sur le fronton de la porte une belle figure de Çiva aux six bras est sculptée en demi-bosse. A l'intérieur de la tour où s'accumulent les fientes de chauve-souris, l'idole est un linga sur son socle creusé en bassin avec rigole d'écoulement. Sur ce linga est sculptée, en demi-bosse toujours, une fine tête de divinité mâle, de grandeur naturelle portant de fines moustaches.

C'est certainement Çiva. Mais ce qui m'attirait le plus, ce sont de grandes et superbes inscriptions d'une écriture parfaitement régulière, couvrant les trois faces visibles de chacun des deux piliers de l'entrée du vestibule. J'étais fort curieux de voir, pour la première fois, l'écriture des documents épigraphiques chams. J'ai reconnu qu'elle était identique à celle de l'inscription de Biên hòa, dont un estampage existait aux bureaux des Revues il y a quelques années. Je vous ai prié récemment de faire rechercher cet estampage pour l'envoyer en France.

Cette inscription de Biên hòa, dont l'écriture diffère de celle de tous les documents épigraphiques du Cambodge, était donc chame.

Pour la dimension, la perfection du tracé, le bon état de conservation, l'inscription que je viens de voir à la tour de Phanrang rivalise avec ce qu'il y a de mieux au Cambodge. Et les indigènes me signalent, à une journée plus à l'ouest, des inscriptions bien plus belles et bien plus grandes, disent-ils. Les richesses épigraphiques de ce pays-ci sont vraiment considérables.

Selon toute vraisemblance, la langue de l'inscription de la tour de Phanrang est le sanscrit. Fût-elle vulgaire, je ne puis aborder l'étude de ces documents avant de me rendre maître, autant que possible, des connaissances actuelles des Chams.

Leurs manuscrits sont nombreux. Ils emploient, prétendent-ils, neuf sortes d'écritures, ce qui ferait dix avec celle des Chams du Cambodge que je connais déjà. Mais il est probable qu'au fond, ces nombreuses variétés d'écriture se réduiront à trois ou quatre si l'on peut faire abstraction des enjolivements qui n'affectent pas le corps du caractère. Ces Chams ne déchiffrent pas les inscriptions de leurs ancêtres.

Il y a donc fort à faire ici. J'ai amené avec moi cinq Chams du Cambodge, qui me sont actuellement indispensables pour entrer en relations avec leurs frères timides et craintifs. Le revers de la médaille est que ce personnel de Chams cambodgiens excite encore davantage les susceptibilités et les défiances des autorités annamites. Je leur recommande constamment la grande prudence dans leurs actes, dans leur langage surtout, leur faisant toucher du doigt pour ainsi dire la situation, leur montrant combien la moindre sottise, la plus légère intempérance de langage pourrait compromettre le succès de ma mission, et après mon départ, aggraver davantage la situation déjà si misérable des Chams du pays, leur recommandant de mettre un frein à cette folle vanité qui caractérise leur race en tâchant de ne pas justifier une fois de plus le proverbe cambodgien : « Les Chams, avec un empan de plus, ils toucheraient au ciel ! »

Malheureusement, il n'y a pas que leur vanité en jeu. Ils souffrent, et ils sont humiliés de voir la condition misérable de leurs frères, au cœur même de leur ancienne patrie. Et de fait, il y a un contraste frappant et caractéristique entre la condition des Chams, si fiers dans ce Cambodge où tous les étrangers en général et les Chams en particulier sont considérés par les indigènes comme des égaux, et celle des Chams d'ici courbés sous la domination de ce mandarinat, dont tous les membres ont sucé le lait des sophismes des sages de la Chine.

Je ne sais si, par la correction de mon attitude, je parviendrai à désarmer, même en partie, les susceptibilités des autorités locales. Mais vraiment il y a, à la situation spéciale du Bình thuận, des causes que la France ne devrait pas tolérer plus longtemps. Outre cinquante ou soixante mille Chams qui frémissent sous le joug de fer des mandarins annamites, il y a cent à cent vingt mille dân annamites dont la condition n'est guère meilleure. Toute cette glèbe, suffisamment rapprochée de nos provinces pour faire des comparaisons et avoir pleine conscience de sa condition, est exploitée par la caste des lettrés et surtout par le ramassis d'insoumis et de brigands échappés de Cochinchine, dont la mort a souvent été effrontément affirmée aux autorités françaises.

Toute cette clique de réfugiés, les vrais maîtres ici, a éprouvé une grande panique l'année dernière lors de la cession éphémère du Bình thuận à la France. Tous fuyaient en hâte au Khánh hòa, ramassant leurs hardes, changeant leurs sapèques jusqu'à faire monter la piastre à quarante, cinquante ligatures, me dit mon voisin, M. Villaume, intelligent et sympathique missionnaire de vingt-cinq ans, qui habite ce pays depuis deux ans, qui est certes le seul Européen le connaissant, et de qui je tiens quelques-uns de ces détails.

L'arrivée de ce missionnaire dans un pays que, plus que tout autre, on aurait voulu entourer d'un cordon sanitaire contre les Européens, causa déjà un grand émoi. Il n'y a donc rien d'étonnant à ce qu'il en soit de même en ce qui me concerne. Malheureusement pour les mécontents, c'est le pays où j'ai le plus à faire et je suis peu disposé à le quitter définitivement avant d'avoir achevé ma tâche.

Je suis avec un profond respect, Monsieur le Gouverneur, votre très obéissant serviteur.

AYMONIER.

9 782012 959019